AF690575

LEARNING MY SHAPES

APRENDIENDO MIS FIGURAS

Bilingual Picture Book

Written and Designed by

Maribel Acosta

©Copyright 2025 Maribel Acosta

No part of this book may be reproduced or used in any manner
or stored in a retrieval system, or transmitted on any form or
by any means electronic, mechanical,
photocopying, recording, or otherwise
without the express written permission
of the copyright owner.
Contact: maribel@LittleBilingualReaders.com
www.LittleBilingualReaders.com
All Rights Reserved

Ninguna parte de este libro puede reproducirse
ni utilizarse de ninguna manera, o ser almacenado
en un sistema o transmitirlo en cualquier forma o
por cualquier medio electrónico, mecánico, fotocopia,
grabación o cualquier otro medio
sin el permiso escrito del autor.
Para mayor información escribir a:
maribel@LittleBilingualReaders.com
Todos los derechos reservados.

Special Thanks

To my family for believing in me.
To Jose, Andrea Mariel, and Jose Enrique
for their infinite support.
To my nephew Samuel and my nieces
Valentina, Virginia and Rebeca.
To my students and their parents
in the PK Dual Language class
during the 2020-2021 school year,
who learned shapes in a virtual classroom.
Happy Reading!

Dedicatoria

A mi familia por creer en mí.
A Jose, Andrea Mariel y Jose Enrique
por su infinito apoyo.
A mis sobrino Samuel y mis sobrinas
Valentina, Virginia and Rebeca.
A mis estudiantes y sus padres de la clase de
PK Dual durante el año escolar 2020-2021
donde aprendieron las figuras
de manera virtual.
¡Que viva la lectura!

Let's have fun learning the shapes!

Dear Parents: This book will help make learning about shapes fun and engaging. On each page, you will find a shape to teach. On the following page, ask your child how many objects they can find that are shaped like the one you've just shown. This fun activity encourages visual learning.

Each time your child identifies a shape, say its name out loud. Repetition is key to learning the names of shapes and reinforcing recognition through listening.

Bring real-life objects into the activity by showing your child items from everyday life that match the shapes in the book. This will help them make connections between what they see in the book and the world around them.

This approach allows your child to engage with the shapes in multiple ways: by seeing, hearing, and feeling them.

By incorporating different learning styles, you're offering a more holistic approach to teaching shapes.
I hope this book is useful!

Feel free to contact me at:
maribel@LittleBilingualReaders.com

¡Diviértete aprendiendo las figuras!

Queridos Padres: Con este libro aprender sobre las figuras será más divertido e interactivo.
En cada página encontrarán una figura para enseñar. En la siguiente página, pueden preguntarle a su niño cuántos objetos puede encontrar que tengan la misma figura que la que acaban de mostrar.
Esto fomenta el aprendizaje visual.

Cada vez que su niño identifique una figura, repite su nombre en voz alta. La repetición es clave para aprender los nombres de las figuras y reforzar el reconocimiento a través de la audición.

Introduce objetos reales en la actividad mostrando a su niño artículos de la vida diaria que coincidan con las figuras del libro. Esto les ayudará a conectar lo que ven en el libro con el mundo que los rodea.
Estas actividades permiten que su niño participe explorando las figuras usando diferentes sentidos: viéndolas, escuchándolas y tocándolas.
Este enfoque ofrece una manera más integral de enseñar las figuras geométricas.
Espero que este libro sea un recurso educativo útil para sus niños.

maribel@LittleBilingualReaders.com

A circle has a curve line that goes all the way around.

Un círculo tiene una línea curva que va a su alrededor.

Circle

Círculo

Can you spot all the things that look like a circle?
Let's see how many you can find!
¿Puedes encontrar todas las cosas que tienen figura de círculo?
¡Veamos cuántas puedes encontrar!

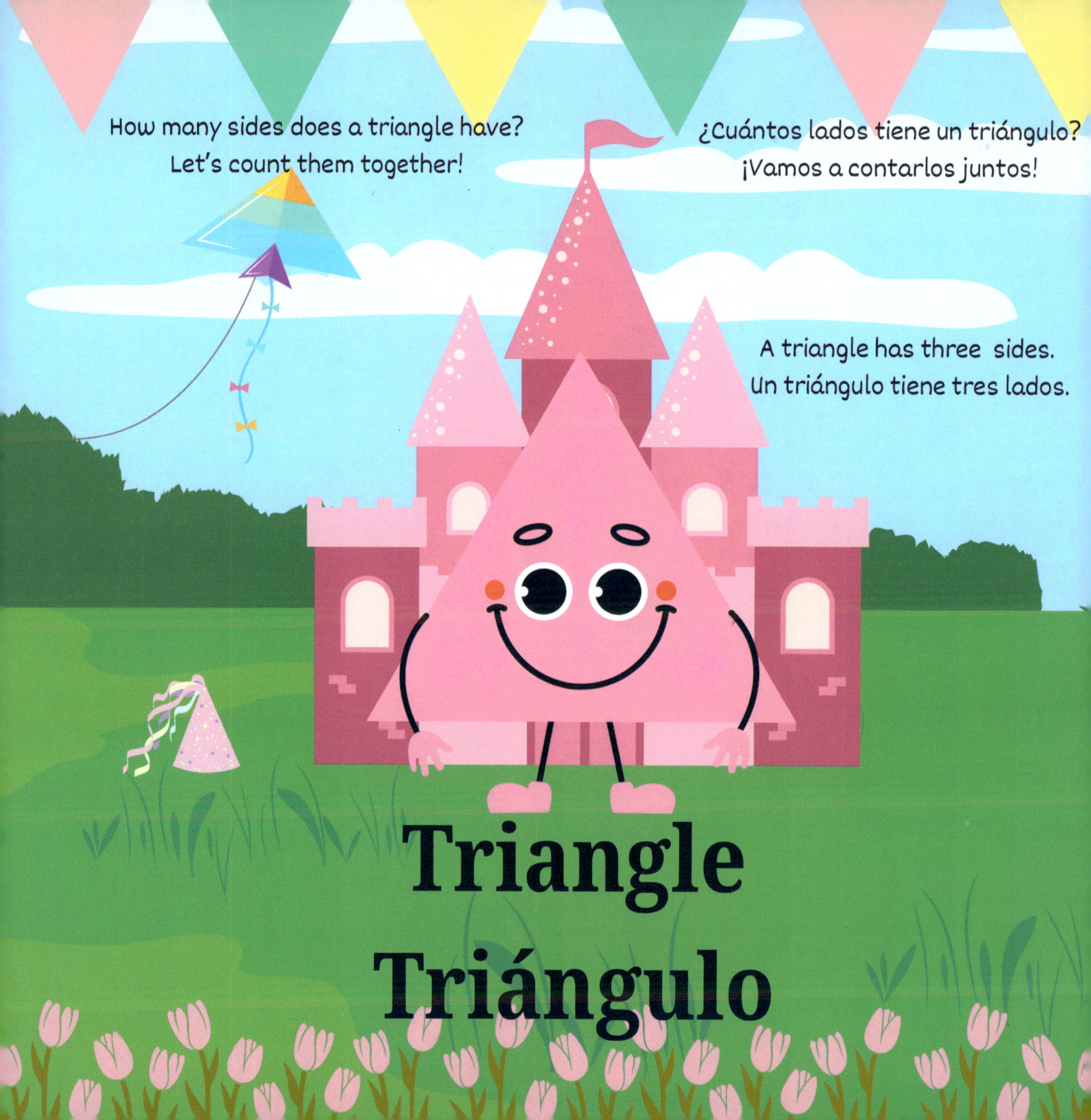

How many sides does a triangle have?
Let's count them together!

¿Cuántos lados tiene un triángulo?
¡Vamos a contarlos juntos!

A triangle has three sides.
Un triángulo tiene tres lados.

Triangle
Triángulo

Can you spot all the things that look like a triangle?
Let's see how many you can find!
¿Puedes encontrar todas las cosas que tienen figura de triángulo?
¡Veamos cuántas puedes encontrar!

How many sides does a square have?
Let's count them together!

¿Cuántos lados tiene un cuadrado?
¡Vamos a contarlos juntos!

A square has four sides.
Un cuadrado tiene cuatro lados.

Square
Cuadrado

Can you spot all the things that look like a square?

Let's see how many can you find!

¿Puedes encontrar todas las cosas que tienen figura de cuadrado?

¡Veamos cuántas puedes encontrar!

How many sides does a rectangle have?
Let's count them together!

¿Cuántos lados tiene un rectángulo?
¡Vamos a contarlos juntos!

A rectangle has four sides.
Un rectángulo tiene cuatro lados.

Rectangle
Rectángulo

Can you spot all the things that look like a rectangle?
Let's see how many you can find!
¿Puedes encontrar todas las cosas que tienen figura de rectángulo?
¡Veamos cuántas puedes encontrar!

An oval has a curved line and is like a circle that has been stretched from top to bottom or from one side to the other.

Un óvalo tiene una línea curva y es como un círculo que ha sido estirado de arriba hacia abajo o de un lado hacia el otro.

Oval
Óvalo

Can you spot all the things that look like an oval?
Let's see how many you can find!
¿Puedes encontrar todas las cosas que tienen figura de oválo?
¡Veamos cuántas puedes encontrar!

How many sides does a rhombus have?
Let's count them together!

¿Cuántos lados tiene un rombo?
¡Vamos a contarlos juntos!

A rhombus has four sides.
Un rombo tiene cuatro lados.

Rhombus
Rombo

Can you spot all the things that look like a rhombus?
Let's see how many you can find!
¿Puedes encontrar todas las cosas que tienen figura de rombo?
¡Veamos cuántas puedes encontrar!

How many sides does a pentagon have?
Let's count them together!

¿Cuántos lados tiene un pentágono?
¡Vamos a contarlos juntos!

A pentagon has five sides.
Un pentágono tiene cinco lados.

Pentagon
Pentágono

Can you spot all the things that look like a pentagon?
Let's see how many you can find!

¿Puedes encontrar todas las cosas que tienen figura de pentágono?
¡Veamos cuántas puedes encontrar!

How many sides does a hexagon have?
Let's count them together!

¿Cuántos lados tiene un hexágono?
¡Vamos a contarlos juntos!

A hexagon has six sides.
Un hexágono tiene seis lados.

Hexagon
Hexágono

Can you spot all the things that look like a hexagon?
Let's see how many you can find!
¿Puedes encontrar todas las cosas que tienen figura de hexágono?
¡Veamos cuántas puedes encontrar!

Star

Estrella

Can you spot all the things that look like a star?
Let's see how many you can find!
¿Puedes encontrar todas las cosas que tienen figura de estrella?
¡Veamos cuántas puedes encontrar!

A heart shape looks like the top of an upside down "V".
La figura del corazón se parece a la parte superior de una "V" invertida.

Heart
Corazón

Can you spot all the things that look like a heart?

Let's see how many you can find!

¿Puedes encontrar todas las cosas que tienen figura de corazón?

¡Veamos cuántas puedes encontrar!

Activities with Shapes
Actividades con las Figuras

Trace the shapes!

¡Traza las figuras!

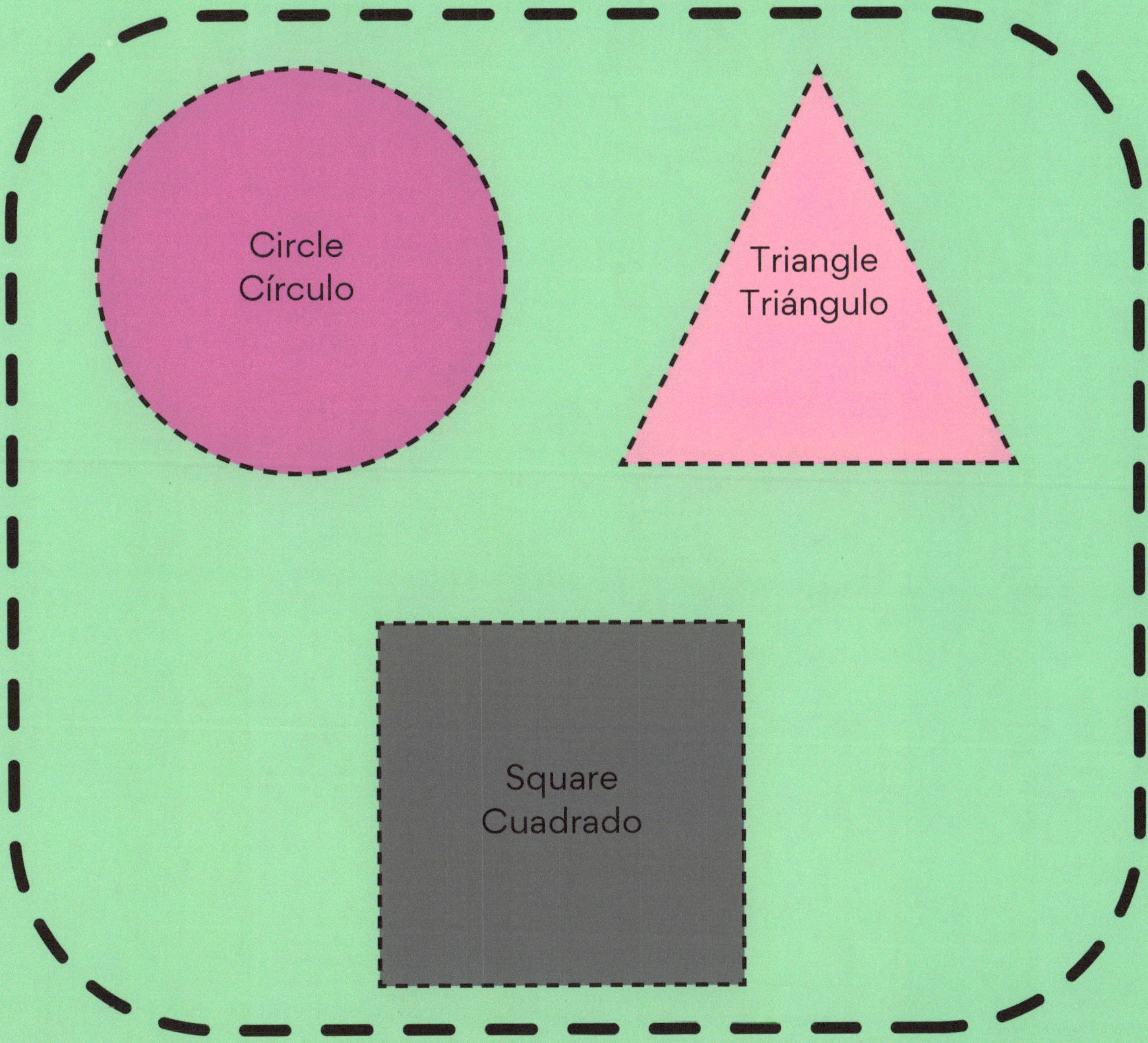

Trace the shapes!

¡Traza las figuras!

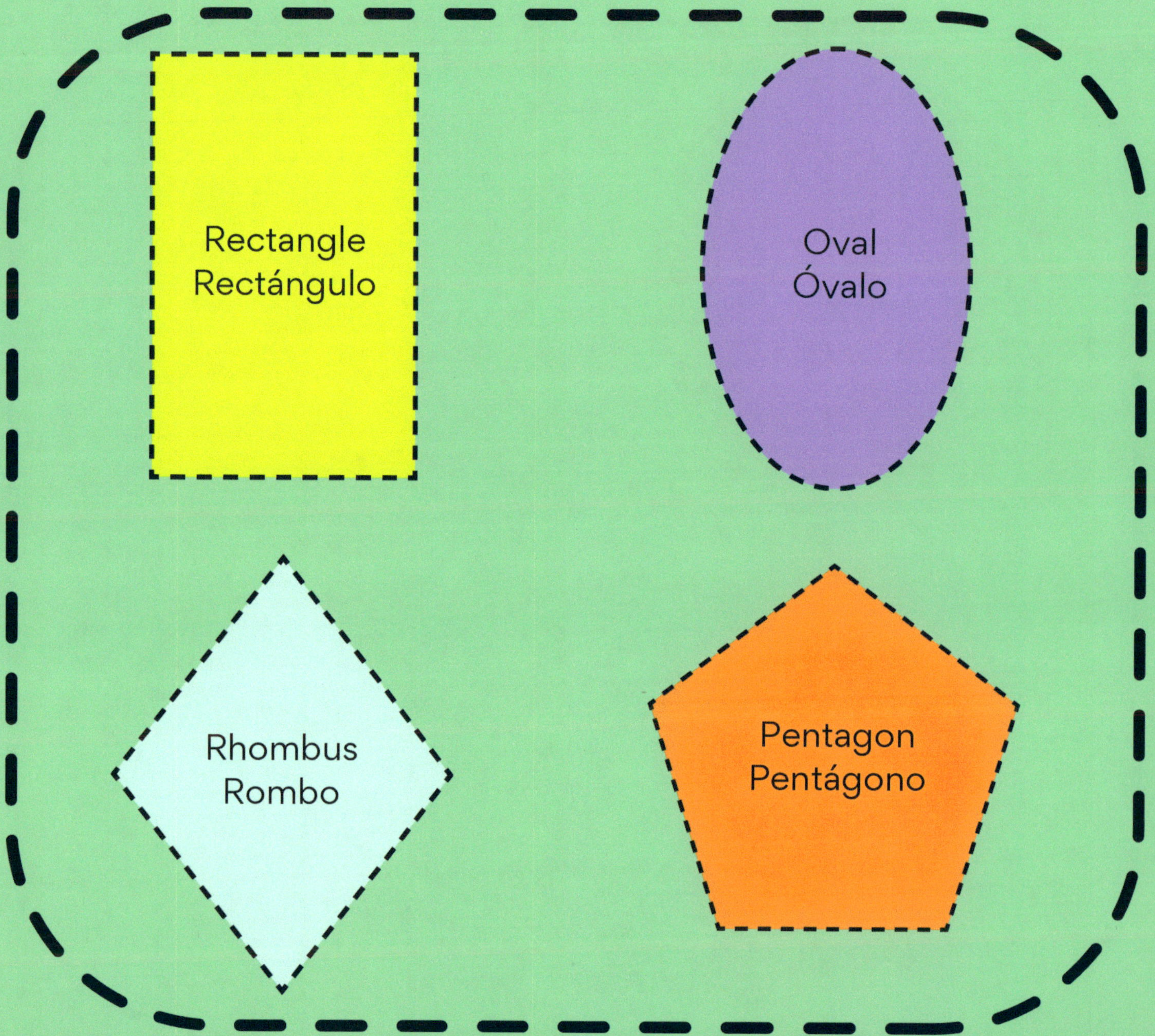

Trace the shapes!

¡Traza las figuras!

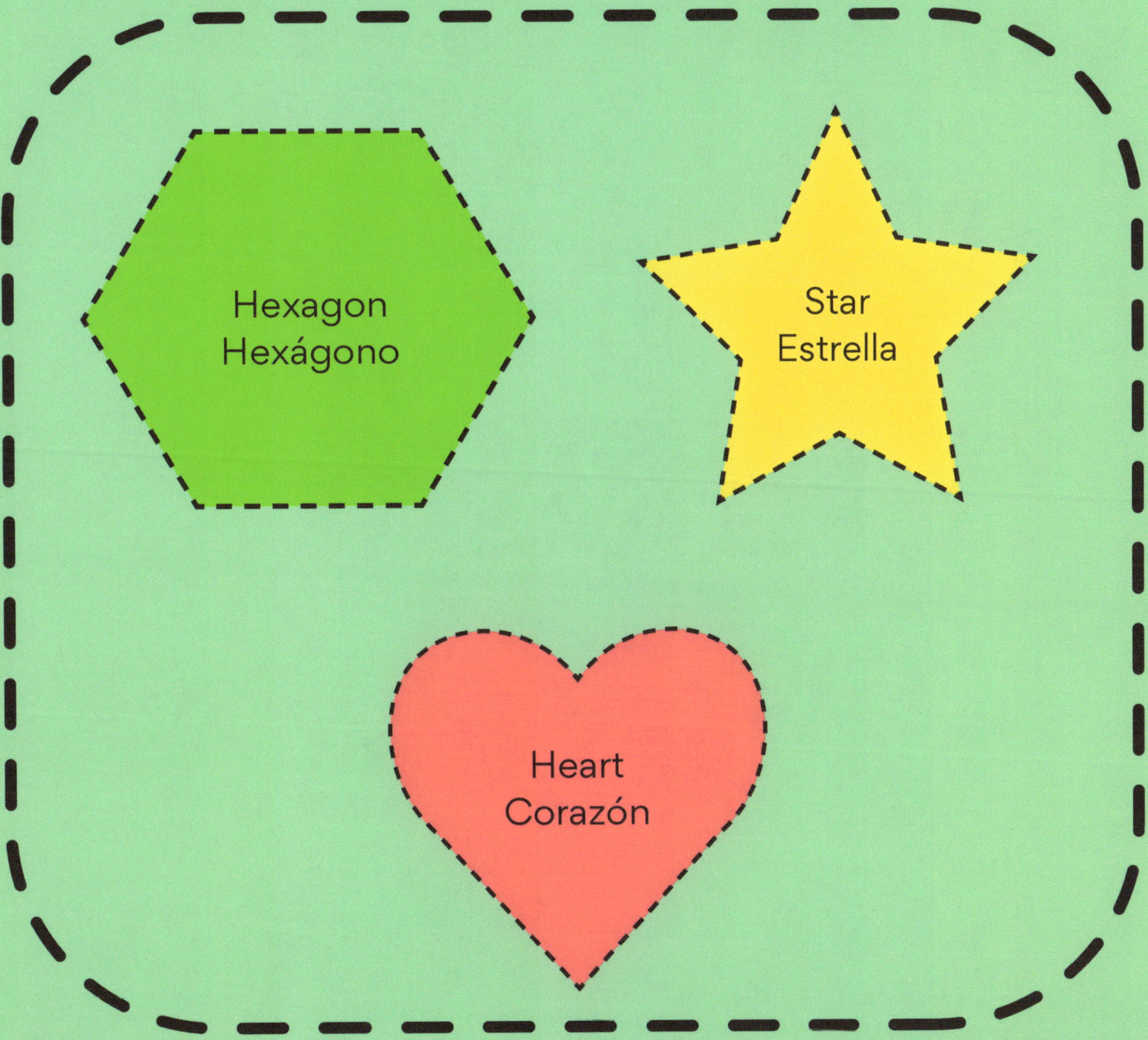

Let's count the shapes!

¡Vamos a contar las figuras!

6

7

8

9

10

Which is your favorite shape?
¿Cuál es tu figura favorita?

Circle
Círculo

Triangle
Triángulo

Square
Cuadrado

Rectangle
Rectángulo

Oval
Óvalo

Rhombus
Rombo

Pentagon
Pentágono

Hexagon
Hexágono

Star
Estrella

Heart
Corazón

Trace a line and match the shape with its name.

Traza una línea y une la figura con su nombre.

Oval
Óvalo

Triangle
Triángulo

Square
Cuadrado

Rectangle
Rectángulo

Circle
Círculo

Rhombus
Rombo

Pentagon
Pentágono

Hexagon
Hexágono

Star
Estrella

Heart
Corazón

Let's write my name!

¡Escribe mi nombre!

Let's write my name!

¡Escribe mi nombre!

Pattern with shapes
Patrones con las figuras

What is a pattern?

A pattern is a set of objects that repeats in the same sequence all the time.

¿Qué es un patrón?

Un patrón es una serie de objetos que se repite de la misma manera todo el tiempo.

Let's make patterns using shapes!
¡Vamos a crear patrones usando figuras!

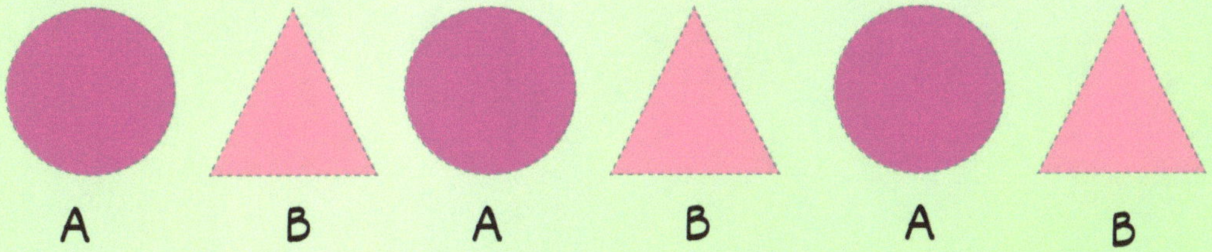

AB Pattern
Patrón AB

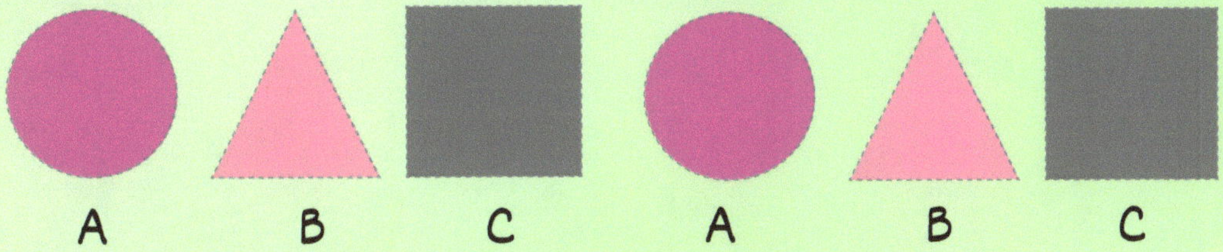

ABC Pattern
Patrón ABC

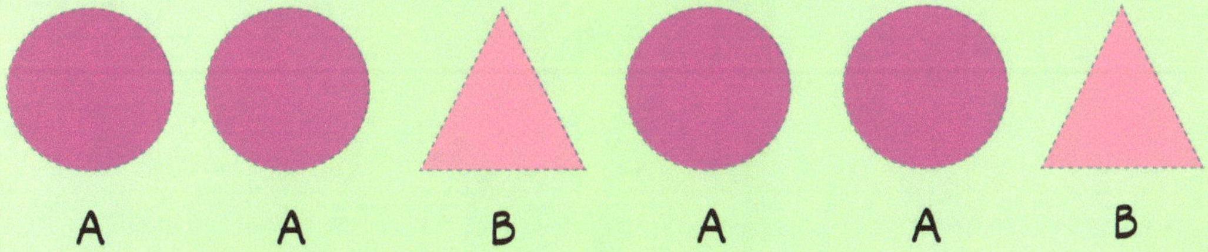

AAB Pattern
Patrón AAB

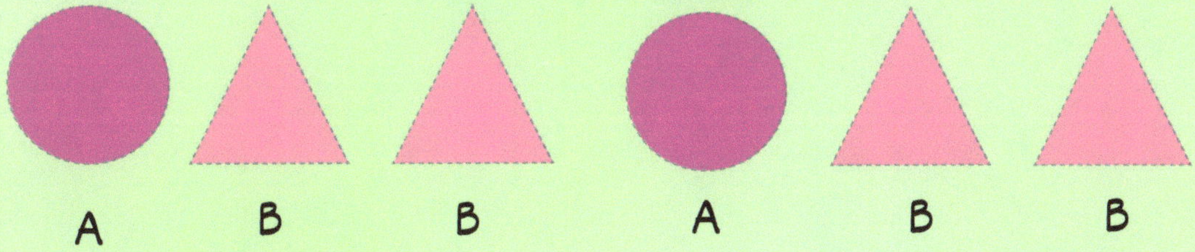

ABB Pattern
Patrón ABB

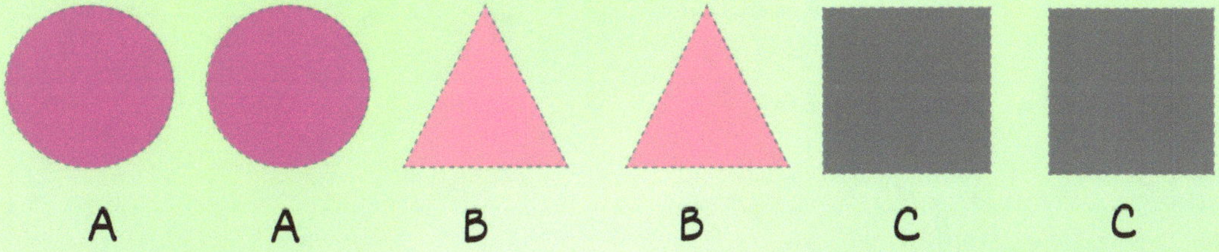

AABBCC Pattern
Patrón AABBCC

Complete the patterns below. What is next?

Completa los patrones en esta página. Dibuja el que sigue.

In this page, make a drawing using the shapes in this book.
En esta página haz un dibujo usando las figuras en este libro.

About the author

I am so happy that you are reading this page because I am going to share a little about myself with you. I have always believed that our children are the future of our society, and that is why feeding and nurturing their brains from a very early age is super important.

Every page we read in a book encourages curiosity, creativity, and the development of oral language in our children.

I am a psychologist by profession and an educator by career and by heart.

When my children Andrea and José Enrique were little I wanted to give them every opportunity to learn, and something that was always done in our home was reading books every night before going to sleep.

I believe that those minutes when we read to our children are magical, because they transport them to worlds that they visit with their imagination and create pieces of knowledge that they interconnect over and over again.

As we read, we create unique experiences for them.

As a bilingual teacher, I hope this book helps you with your child's early reading and math journey.

Maribel

Acerca de la autora

Que alegría me da que estés leyendo esta página porque te voy a compartir un poco de mí. Siempre he creído que nuestros niños son el futuro de nuestra sociedad, y por ello alimentar y nutrir su cerebrito desde una edad muy temprana es súper importante.

Cada página que leemos de un libro fomenta la curiosidad, la creatividad y el desarrollo del lenguaje oral en nuestros niños.

Soy psicóloga de profesión y educadora de carrera y de corazón.

Cuando mis hijos Andrea y José Enrique estaban pequeños, quería brindarles todas las oportunidades de aprender y una tradición que siempre estuvo en nuestro hogar fue leer libros todas las noches antes de dormir.

Considero que esos minutos que les leemos a nuestros niños son mágicos, los transportan a mundos que visitan con su imaginación y crean conocimiento que van interconectando una y otra vez.

Al leer vamos escribiendo experiencias únicas para ellos.

Como maestra bilingüe, espero este libro sea para ustedes un granito de arena para empezar a desarrollar las destrezas de lectura y matemática en sus niños.

Maribel

www.ingramcontent.com/pod-product-compliance
Lightning Source LLC
LaVergne TN
LVHW071238210926
848486LV00007B/296
* 9 7 9 8 9 9 5 2 4 3 9 0 8 *